サイパー思考力算数練習帳シリーズ
シリーズ５０
数の性質3　倍数・約数の応用1
－「倍数・約数」と「あまり」との関係 －

整数範囲：倍数・約数の考え方が理解できていること
あまりのある割り算の計算が正確にできること

◆　本書の特長

1、算数・数学の考え方の重要な基礎であり、中学受験のする上での重要な要素である数の性質の中で、本書は約数・倍数の応用について詳しく説明しています。

2、自分ひとりで考えて解けるように工夫して作成し　　　　　　　　のサイパー思考力算数練習帳と同様に、**教え込まなくても学習**

3、倍数と約数の相互の関係につい　　　　　　　　　　　　　　　　　しています。公倍数・公約数の応用については、「シリーズ５　　　　　　　　　　　　　　てください。

◆　サイパー思考力算数練習帳シリーズについて

　　ある問題について同じ種類・同じレベルの問題をくりかえし練習することによって、確かな定着が得られます。

　　そこで、中学入試につながる文章題について、同種類・同レベルの問題をくりかえし練習することができる教材を作成しました。

◆　指導上の注意

①　解けない問題、本人が悩んでいる問題については、お母さん（お父さん）が説明してあげて下さい。その時に、できるだけ具体的なものにたとえて説明してあげると良くわかります。

②　お母さん（お父さん）はあくまでも補助で、問題を解くのはお子さん本人です。お子さんの達成感を満たすためには、「解き方」から「答」までの全てを教えてしまわないで下さい。教える場合はヒントを与える程度にしておき、本人が自力で答を出すのを待ってあげて下さい。

③　お子さんのやる気が低くなってきていると感じたら、無理にさせないで下さい。お子さんが興味を示す別の問題をさせるのも良いでしょう。

④　丸付けは、その場でしてあげて下さい。フィードバック（自分のやった行為が正しいかどうか評価を受けること）は早ければ早いほど、本人の学習意欲と定着につながります。

もくじ

倍数の応用

　復習と確認です。７の倍数を小さいものから順に１０個書き出してみましょう。

｛７、１４、２１、２８、３５、４２、４９、５６、６３、７０｝

ですね。「**サイパー思考力算数練習帳シリーズ３５　数の性質１　倍数・公倍数**」で学習しました。

　倍数とは「ある整数を整数倍したもの」です。７の倍数は７にある整数をかけたものとなります。

$$７×１＝７　　７×２＝１４　　７×３＝２１　　７×４＝２８　…$$

ですね。

　このうち、例えば「３５」を見てみましょう。

　３５は７の倍数ですね。同時に７は３５の約数になっています。（約数については、「**サイパー思考力算数練習帳シリーズ３６　数の性質２　約数・公約数**」を参照してください。）

３５の約数 ｛1、5、**7**、35｝

どんな倍数でもこのルールは成り立っています。

３５は７の倍数　⇄　７は３５の約数

どんな数でもこの関係は成り立ちますので、言いかえると

ＡはＢの倍数　⇄　ＢはＡの約数

となります。覚えておきましょう。

　ここで考えなければならないのは「７×０」の場合です。「０」も整数ですから

$$７×０＝０$$

で、「０」も７の倍数とならなければならないことになります。

倍数の応用

　小学校では普通「0」は「7」の倍数には入れない（考えない）ことになっています（「思考力算数練習帳シリーズ35」でも、そう書いています。）が、ここでは「0」も「7」の倍数だと考えることにしましょう。

　ですから、正確には、7の倍数を小さいものから書くと

$$\{0、7、14、21、28、35、42、49、56\cdots\}$$

となります。

例題1、7の倍数に1を足した数を、小さいものから順に5個書き出しなさい。

　先に学んだように、7の倍数は $\{0、7、14、21、28\cdots\}$ です。ですから、「7の倍数に1を足した数は $\{1、8、15、22、29\cdots\}$ となります。

答、　　$\{1、8、15、22、29\}$

例題2、5の倍数に1を足した数を、小さいものから順に5個書き出しなさい。

　5の倍数は $\{0、5、10、15、20\cdots\}$ ですから

答、　　$\{1、6、11、16、21\}$

例題3、8の倍数より1を引いた数を、小さいものから順に5個書き出しなさい。

　8の倍数は $\{0、8、16、24、32、40\cdots\}$ です。そこから1を引こうとしても「0−1」はできませんね（マイナスになり、小学校ではあつかいません）。ですから、ここでは「0」はのぞいて $\{8、16、24、32、40\cdots\}$ で考えてください。

答、　　$\{7、15、23、31、39\}$

◆　　　◆　　　◆　　　◆　　　◆　　　◆　　　◆

倍数の応用

問題１、 ４の倍数に２を足した数を、小さいものから順に５個書き出しなさい。

答、＿＿{＿＿＿、＿＿＿、＿＿＿、＿＿＿、＿＿＿}＿＿

問題２、 ９の倍数に５を足した数を、小さいものから順に５個書き出しなさい。

答、＿＿{＿＿＿、＿＿＿、＿＿＿、＿＿＿、＿＿＿}＿＿

問題３、 １１の倍数より３を引いた数を、小さいものから順に５個書き出しなさい。

答、＿＿{＿＿＿、＿＿＿、＿＿＿、＿＿＿、＿＿＿}＿＿

問題４、 ６の倍数より４を引いた数を、小さいものから順に５個書き出しなさい。

答、＿＿{＿＿＿、＿＿＿、＿＿＿、＿＿＿、＿＿＿}＿＿

問題５、 ３７の倍数に５を足した数を、小さいものから順に５個書き出しなさい。

答、＿＿{＿＿＿、＿＿＿、＿＿＿、＿＿＿、＿＿＿}＿＿

問題６、 １３の倍数より７を引いた数を、小さいものから順に５個書き出しなさい。

答、＿＿{＿＿＿、＿＿＿、＿＿＿、＿＿＿、＿＿＿}＿＿

倍数の応用

例題４、７の倍数に４を足した数を、小さいものから順に 20 個書き出しなさい。

0、1、2、3、④ 5、6、**7**、8、9、10、⑪ 12、13、**14**、15、16、17、⑱ 19、20、**21**、22、23、

24、㉕ 26、27、**28**、29、30、31、㉜ 33、34、**35**、36、37、38、㊴ 40、41、**42**、43、44、45、㊻ 47…

　７の倍数を２０個書き出して、それに４を足すという方法で、求められます。

　また上記のように、これらには、規則性があるので、その規則性から考えるのも１つの解法です。

　「７の倍数に４を足した数」はいずれも７の倍数から右へ４つ移動したものですから、「７の倍数に４を足した数」は７の倍数と同じく、７ずつ増えています。

　だから、「７の倍数の一番小さいもの＝０」に４を足したものが、一番小さい「７の倍数に４を足した数」になり、それに７ずつ加えたものが「７の倍数に４を足した数」になります。

$$0＋4＝4\cdots一番小さい「７の倍数に４を足した数」$$
$$4＋7＝11、\quad 11＋7＝18、\quad 18＋7＝25、\quad 25＋7＝32、$$
$$32＋7＝39、\quad 39＋7＝46、\quad 46＋7＝53、\quad 53＋7＝60、$$
$$60＋7＝67、\quad 67＋7＝74、\quad 74＋7＝81、\quad 81＋7＝88、$$
$$88＋7＝95、\quad 95＋7＝102、\quad 102＋7＝109、\quad 109＋7＝116、$$
$$116＋7＝123、\quad 123＋7＝130、\quad 130＋7＝137$$

答、　{4、11、18、25、32、39、46、53、60、67、74、
81、88、95、102、109、116、123、130、137}

例題５、７の倍数より２を引いた数を、小さいものから順に 10 個書き出しなさい。

　７の倍数より２を引いた数は、もちろんそのまま７の倍数を求めて２を引く方法で解けます。また、例題６と同じく「（０をのぞく）一番小さい７の倍数－２」に７ず

倍数の応用

つ足したものですから、そちらの方法でも解けます。

$7 - 2 = 5$、 $5 + 7 = 12$、 $12 + 7 = 19$、 $19 + 7 = 26$、 $26 + 7 = 33$、
$33 + 7 = 40$、 $40 + 7 = 47$、 $47 + 7 = 54$、 $54 + 7 = 61$、
$61 + 7 = 68$

答、 　{5、12、19、26、33、40、47、54、61、68}

◆　　　◆　　　◆　　　◆　　　◆　　　◆　　　◆

問題７、 ３の倍数に１を足した数を、小さいものから 10 個書き出しなさい。

答、 {　　　、　　　、　　　、　　　、　　　、
　　　　　、　　　、　　　、　　　、　　　}

問題８、 １４の倍数より８を引いた数を、小さいものから 10 個書き出しなさい。

答、 {　　　、　　　、　　　、　　　、　　　、
　　　　　、　　　、　　　、　　　、　　　}

◆　　　◆　　　◆　　　◆　　　◆　　　◆　　　◆

例題６－１、 ７の倍数に４を足した数を、小さいものから５個書き出しなさい。

もうかんたんですね。

答、 　{4、11、18、25、32}

倍数の応用

例題６−２、７の倍数より３を引いた数を、小さいものから５個書き出しなさい。

これもできますね。

答、　{４、１１、１８、２５、３２}

ここで注目して欲しいのは、例題６−１と例題６−２の答は全く同じになるということです。

これは、次の理由によります。

７の倍数

⓪ 1、2、3、4、5、6、⑦ 8、9、10、11、12、13、⑭ 15、16…
　　　　0＋7　　　　　　　　7＋7

７の倍数＋４

0、1、2、3、④ 5、6、7、8、9、10、⑪ 12、13、14、15、16…
　　　　0＋4　　　　　　7＋4　　　　　　　　14＋4

７の倍数−３

0、1、2、3、④ 5、6、7、8、9、10、⑪ 12、13、14、15、16…
　　　　　7−3　　　　　　　14−3

７の倍数は、整数の**７つごと**にあります。「７の倍数＋４」の「４」と、「７の倍数−３」の「３」とを足すと、「７の倍数」の７になるからです。

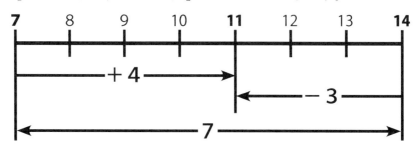

倍数の応用

　　「Aの倍数＋B」　と　「Aの倍数－C」　において

　　B＋C＝Aの時、

　　「Aの倍数＋B」　と　「Aの倍数－C」　は等しい数の集まりになります。

例題７、次の□に合う数字を答えましょう。

①、「８の倍数＋６」と「８の倍数－□」の数字の集まりは等しい。

　６＋□＝８になる数字を考えます。

　　　６＋□＝８　　　□＝８－６＝２

答、＿＿２＿＿

②、「１５の倍数－７」と「１５の倍数＋□」の数字の集まりは等しい。

　７＋□＝１５になる数字を考えます。

　　　７＋□＝１５　　　□＝１５－７＝８

答、＿＿８＿＿

③、「□の倍数＋９」と「□の倍数－１１」の数字の集まりは等しい。

　９＋１１＝□になる数字を考えます。

　　　９＋１１＝２０

答、＿２０＿

問題９、次の□に合う数字を答えましょう。

①、「１６の倍数＋９」と「１６の倍数－□」の数字の集まりは等しい。

答、＿＿＿＿＿＿

②、「２３の倍数－１８」と「２３の倍数＋□」の数字の集まりは等しい。

答、＿＿＿＿＿＿

倍数の応用

③、「□の倍数＋１２」と「□の倍数－９」の数字の集まりは等しい。

答、＿＿＿＿＿＿

④、「□の倍数＋１」と「□の倍数－１」の数字の集まりは等しい。

答、＿＿＿＿＿＿

◆　　　◆　　　◆　　　◆　　　◆　　　◆　　　◆

例題８、３で割ると割り切れる１桁（けた）の整数のうち、もっとも大きいものを求めなさい。

「３で割ると割り切れる整数」とは、言い換えると「３の倍数」のことです。これは「１桁の３の倍数の最も大きいものを求めなさい」という問題だということです。

３の倍数：０、３、６、９、１２…

１桁のもので、最も大きいものは「９」ですね。

答、＿＿＿9＿＿＿

例題９、３で割ると割り切れる２０以下の整数のうち、もっとも大きいものを求めなさい。

整数を３で割ると、下のようになります。（１から書き始めると、５番目の数は５、１８番目の数は１８になり、わかりやすいのです）

| 1 2 **3** | 4 5 **6** | 7 8 **9** | 10 11 **12** | 13 14 **15** | 16… |

整数を３で割るということは、上の ▢ のように３ずつに分けることと言えます。この ▢ の中の３つの数字の内、一番右側の数字が、３で割り切れる数＝３の倍数です。

ですから、「２０」までの中に、この ▢ がいくつあるか調べれば、２０に最も

倍数の応用

近い３の倍数が見つかることになります。

$$20 \div 3 = 6 \cdots 2$$

これは □ が６個あって、数字が２つあまるということを表しています。

| …11 **12** | 13 14 **15** | 16 17 **18** | 19 20 |

□ の中には数字が３個ずつ入っており、その一番右の数字が求める答です。

$$3 \times 6 = 18$$

答、＿＿18＿＿

例題１０、３で割ると割り切れる１０００以下の整数のうち、もっとも大きいものを求めなさい。

例題９と同じように考えましょう。

$1000 \div 3 = 333 \cdots 1$　　　□ が３３３個で、数字が１つあまる

$3 \times 333 = 999$

答、＿＿９９９＿＿

◆　　　◆　　　◆　　　◆　　　◆　　　◆　　　◆

問題１０、７で割ると割り切れる１０００以下の整数のうち、もっとも大きいものを求めなさい。

式・考え方

答、＿＿＿＿＿＿＿

問題１１、１１で割ると割り切れる２０００以下の整数のうち、もっとも大きいものを求めなさい。

式・考え方

答、＿＿＿＿＿＿＿

倍数の応用

◆　　　◆　　　◆　　　◆　　　◆　　　◆　　　◆

例題１１、 ３で割ると１あまる１００以下の整数のうち、もっとも大きいものを求めなさい。

　「３で割ると１あまる数」とは「３の倍数に１を足した数」です。また「３の倍数から２を引いた数」とも考えられます（→例題６、７）　下の◯の数字がそうです。

①　2　3　④　5　6　⑦　8　9　⑩　11　12　⑬　14　15　⑯…

　ですから、１００を３で割ってみるのが、まずは方法です。

　　　　１００÷３＝３３…１　　　▢ が３３と、数字が１あまる

…89　90　⑨91　92　93　㊿94　95　96　㊾97　98　99　⑩⓪(100)

　「３で割ると１あまる数」は「３の倍数に１を足した数」か「３の倍数から２を引いた数」ですので、

　　　　３×３３＝９９　←３の倍数の、100以下で最も大きいもの
　　　　９９＋１＝１００

答、＿＿１００＿＿

例題１２、 ３で割ると２あまる１００以下の整数のうち、もっとも大きいものを求めなさい。

　やり方は、基本的には同じです。

　　　　１００÷３＝３３…１　　　▢ が３３と、数字が１あまる

…89　90　91　92　93　94　95　96　97　98　99　100

　例題１１とちがうのは「３で割ると**２**あまる数」だということです。上の図から分かるように３の倍数の最大の数９９に**２**を足すことはできませんね。２を足すと

倍数の応用

１００を超えてしまいます。

   ‥(89) 90 │ 91 (92) 93 │ 94 (95) 96 │ 97 (98) 99 │ 100 (101)

　ですから、この場合は９９から１を引かなければなりません。

（「３で割ると２あまる数」＝「３の倍数に２を足した数」＝「３の倍数から１を引いた数」）

　　　　１００÷３＝３３…１　　　３×３３＝９９　　　９９−１＝９８

答、＿＿＿９８＿＿＿

◆　　　　◆　　　　◆　　　　◆　　　　◆　　　　◆　　　　◆

問題１２、７で割ると１あまる１００以下の整数のうち、もっとも大きいものを求め
　　なさい。

　　式・考え方

答、＿＿＿＿＿＿＿

問題１３、６で割ると２あまる１００以下の整数のうち、もっとも大きいものを求め
　　なさい。

　　式・考え方

答、＿＿＿＿＿＿＿

問題１４、９で割ると３あまる２００以下の整数のうち、もっとも大きいものを求め
　　なさい。

　　式・考え方

答、＿＿＿＿＿＿＿

倍数の応用

問題１５、８で割ると１あまる２００以下の整数のうち、もっとも大きいものを求めなさい。

式・考え方

答、＿＿＿＿＿＿＿

問題１６、１１で割ると７あまる３００以下の整数のうち、もっとも大きいものを求めなさい。

式・考え方

答、＿＿＿＿＿＿＿

◆　　　　　　　◆　　　　　　　◆

問題１７、ある本数のえんぴつを、１３人で等しく分けたら６本あまりました。えんぴつの本数は１０００本以下だということがわかっています。

①、えんぴつの数が最も少ない場合は、何本ですか。ただし少なくとも１本以上は分けています。

式・考え方

答、＿＿＿＿＿＿　本

②、えんぴつの数が最も多い場合は、何本ですか。

式・考え方

答、＿＿＿＿＿＿　本

倍数の応用

ちょっときゅうけい
Teepause 1

倍数の簡単な見つけ方

パッと見ただけでそれが何の倍数かわかる方法が、いくつかの倍数について有ります。

1の倍数：「0、1、2、3、4…」

　　　1の倍数は全ての整数です。整数であれば1の倍数であると言えます。

2の倍数：「0、2、4、6、8…」

　　　2の倍数のことを「偶数」とも言います。

　　　2の倍数を見つけるには、「一の位」を見て判断します。「一の位」が「2の倍数（偶数）」であれば、上の位がどんな数であれ、その数は「2の倍数」だと言えます。

　　　例「174」…「一の位」が「4」で、「4」は「2の倍数」ですので、「174」は「2の倍数」です。

3の倍数：「0、3、6、9、12…」

　　　各位の数を全て足して、その数が「3の倍数」であれば、その数は「3の倍数」です。

　　　例「14271」…1＋4＋2＋7＋1＝15　15は「3の倍数」なので「14271」は「3の倍数」と言えます。（「15」を同じく「1＋5＝6」として、「6」は「3の倍数」だから「14271」は「3の倍数」だと考えても構いません。

　　　また「3で割った時のあまりの数」も同じ方法で求められます。

　　　例「5482」…5＋4＋8＋2＝19　19÷3＝6…1　あまり1となり、「5482」も3で割るとあまりが1となります。

4の倍数：「0、4、8、12、16…」

　　　下二桁が4で割り切れれば、その数は「4の倍数」です。

　　　例「795324」…下二桁は「24」で、「24」は4で割り切れるので、「795324」は「4の倍数」です。

5の倍数：「0、5、10、15、20…」

　　　一の位が「0」か「5」ならば、その数は「5の倍数」です。

　　　例「36275」…一の位が「5」なので、「36275」は「5の倍数」です。

6の倍数：「0、6、12、18、24…」

　　　「6」は「2の倍数」であり「3の倍数」である（2と3の公倍数）ので、上記「2の倍数」の条件と「3の倍数」の条件を満たせば、「6の倍数」と言えます。

　　　例「61254」…一の位が「4」なので、「61254」は「2の倍数」だと言えます。また「6＋1＋2＋5＋4＝18」。「18」は3で割り切れるので、「61254」は「3の倍数」です。「61254」は「2の倍数」でも「3の倍数」でもあるので、「6の倍数」だと言えます。

倍数の応用

7の倍数：「０、７、１４、２１、２８…」
　　　残念ながら、簡単に見分ける方法はありません。

8の倍数：「０、８、１６、２４、３２…」
　　　下三桁が８で割り切れれば、その数は「８の倍数」です。
　　　例「６３７１５２」…下三桁は「１５２」で、「１５２」は８で割り切れるので、「６３７１５２」は「８の倍数」です。

9の倍数：「０、９、１８、２７、３６…」
　　　３の倍数と同じ方法で見分けられます。
　　　各位の数を全て足して、その数が「９の倍数」であれば、その数は「９の倍数」です。
　　　例「１７２４４」…１＋７＋２＋４＋４＝１８　１８は「９の倍数」なので「１７２４４」は「９の倍数」と言えます。（「１８」を同じく「１＋８＝９」として、「９」は「９の倍数」だから「１７２４４」は「９の倍数」だと考えても構いません。
　　　また「９で割った時のあまりの数」も同じ方法で求められます。
　　　例「７２４８５」…７＋２＋４＋８＋５＝２６　２６÷９＝２…８　あまり８となり、「７２４８５」も９で割るとあまりが８となります。

10の倍数：「０、１０、２０、３０、４０…」
　　　一の位が「０」ならば、その数は「１０の倍数」です。

※０の倍数：「０」に何をかけても「０」にしかなりませんので、「０」の倍数は「０」１つだけです。

・・・・・・・・・・・・・・・・・・・・・・・・・・・・・・・・・

例題１３、３で割ると割り切れる２０以下の整数を、全て求めなさい。

「２０以下の３の倍数」を求めればよろしい。

答、　０、３、６、９、１２、１５、１８

例題１４、３で割ると割り切れる１以上１００以下の整数は、全部でいくつありますか。

「３で割る」ということは、「３ずつに分ける」と考えられます。下の □ の個数を求めます。

倍数の応用

| 1 2 **3** | 4 5 **6** | 7 8 **9** | 10 … | 97 98 **99** | 100 |

$$100 \div 3 = 33 \cdots 1 \quad \leftarrow \boxed{} が３３と、数字が１つあまる$$

「３で割り切れる」＝「３の倍数」はそれぞれ $\boxed{}$ の一番右側の数字です。ですからこの場合、ちょうど $\boxed{}$ の個数と同じ個数になります。

答、＿＿３３＿個

例題１５、３で割ると１あまる、１以上１００以下の整数は、全部でいくつありますか。

「３で割って１あまる数」は「３の倍数より１大きい数」なので、「３の倍数の右どなり」つまり図の $\boxed{}$ の一番左側の数字です。

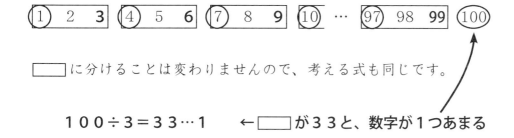

$\boxed{}$ に分けることは変わりませんので、考える式も同じです。

$$100 \div 3 = 33 \cdots 1 \quad \leftarrow \boxed{} が３３と、数字が１つあまる$$

このとき、「１００」も「３で割って１あまる数」になり個数に数えなければならないので、$\boxed{}$ の個数に１を足したものが答となります。

$$33 + 1 = 34 \quad \leftarrow \boxed{} が３３と、数字が１つあまった分$$

答、＿＿３４＿個

あまりの部分に、求める数がふくまれるかふくまれないかを、しんちょうに考えましょう。

倍数の応用

例題１６、３で割り切るには１足りない、１以上１００以下の整数は、全部でいくつありますか。

「３で割り切るには１足りない数」は「３の倍数より１小さい数」で、言いかえると「３で割ると２あまる数」は「３の倍数より２大きい数」でしたね（例題６）。ですから、「３の倍数の２つ右どなり」つまり図の□の真ん中の数字です。

[1 ② 3] [4 ⑤ 6] [7 ⑧ 9] [10 … 97 (98) 99] 100

□に分けることは変わりませんので、考える式も同じです。

１００÷３＝３３…１　←□が３３と、数字が１つあまる

このあまりの「１００」は、「３で割るには１足りない数」にはふくまれないので、□の個数が答になります。

答、　３３　個

◆　◆　◆　◆　◆　◆　◆

問題１８、７で割ると割り切れる２０以下の整数を、全て求めなさい。

式・考え方

答、＿＿＿＿＿＿＿＿

問題１９、６で割ると割り切れる、１以上１００以下の整数は、全部でいくつありますか。

式・考え方

答、＿＿＿＿＿＿個

倍数の応用

問題２０、５で割ると割り切れる、１以上１００以下の整数は、全部でいくつありますか。

式・考え方

答、＿＿＿＿＿＿＿個

問題２１、４で割ると１あまる、１以上１００以下の整数は、全部でいくつありますか。

式・考え方

答、＿＿＿＿＿＿＿個

問題２２、６で割ると３あまる、１以上１００以下の整数は、全部でいくつありますか。

式・考え方

答、＿＿＿＿＿＿＿個

問題２３、３で割り切るには１足りない、１以上２００以下の整数は、全部でいくつありますか。

式・考え方

答、＿＿＿＿＿＿＿個

倍数の応用

問題２４、７で割り切るには３足りない、１以上２００以下の整数は、全部でいくつありますか。

式・考え方

答、＿＿＿＿＿＿＿＿個

問題２５、４で割り切るには１足りない、１以上１５０以下の整数は、全部でいくつありますか。

式・考え方

答、＿＿＿＿＿＿＿＿個

◆　　　　◆　　　　◆　　　　◆　　　　◆　　　　◆　　　　◆

例題１７、６で割り切れる、１０１以上２００以下の整数は、全部でいくつありますか。

　　１０１以上２００以下の整数は１００個あります。だから
　　　　１００÷６＝１６…４　　　答、１６個
これで正しいでしょうか。実際に書き出してみましょう。

$$\left\{ \begin{array}{l} １０２、１０８、１１４、１２０、１２６、１３２、１３８、１４４、１５０、 \\ １５６、１６２、１６８、１７４、１８０、１８６、１９２、１９８ \end{array} \right\}$$

数えると１７個ありますね。どうしてでしょうか。

　考えた式の「１００÷６」というのは、１００の中に▢▢がいくつあるかということを求めるものです。６で割り切れる数＝６の倍数は、▢▢の右端の数字ですから、１～１００までに６の倍数がいくつあるかを求める場合は▢▢の数がそのまま６の

倍数の応用

倍数の数になり、「１００÷６」の計算で正しく求められます。

| 1 2 3 4 5 **6** | 7 8 9 10 11 **12** | 13 14… |

　しかし「１０１以上２００以下」の場合、□□□がちょうど「101」から始まらないので、単純に「１００÷６」では求められないのです。

| 101 **102** | 103 104 105 106 107 **108** | 109 110 111 112… |

| …189 190 191 **192** | 193 194 195 196 197 **198** | 199 200 |

　では、どうすれば正しく求められるのでしょうか。

　こういう、整数の途中から途中までの場合には、「１〜全体」の個数を求めて、不要な部分の個数を引くことで、正しい個数が求められます。

❶、１〜２００にある「６の倍数」の個数を求める。

❷、１〜１００にある「６の倍数」の個数を求める。

❸、❶の個数から❷の個数を引く。

　　❶、２００÷６＝３３…２　６の倍数が３３個ある

　　❷、１００÷６＝１６…４　６の倍数が１６個ある

　　❸、３３−１６＝１７

答、＿＿＿１７＿＿個

例題１８、３で割ると１あまる、１０１以上２００以下の整数は、全部でいくつありますか。

　考え方は「例題１７」と同じです。

　まず、１から２００にある「３で割ると１あまる整数」の個数を求めます。

　　　２００÷３＝６６…２　　あまり「２」の中に「１あまる」数はあるので
　　　６６＋１＝６７個

　続いて１から１００にある「３で割ると１あまる整数」の個数を求めます。

倍数の応用

$100 \div 3 = 33 \cdots 1$　　　あまり「2」の中に「1あまる」数はあるので

$33 + 1 = 34$個

そして差し引きしましょう。

$67 - 34 = 33$個

答、_____33____個

◆　　　◆　　　◆　　　◆　　　◆　　　◆　　　◆

問題２６、４で割り切れる、１５１以上２００以下の整数は、全部でいくつありますか。

式・考え方

答、＿＿＿＿＿＿個

問題２７、７で割ると３あまる、１０１以上２００以下の整数は、全部でいくつあり
ますか。

式・考え方

答、＿＿＿＿＿＿個

問題２８、８で割るには１足りない、３０１以上４００以下の整数は、全部でいくつ
ありますか。

式・考え方

答、＿＿＿＿＿＿個

テスト１

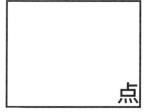

点

テスト１－１、９の倍数に４を足した数を、小さいものから
　　順に５個書き出しなさい。（4）
　式・考え方

答、{＿＿＿，＿＿＿，＿＿＿，＿＿＿，＿＿＿}

テスト１－２、　１６の倍数より７を引いた数を、小さいものから 10 個書き出しな
　　さい。　　　　　　　　　　　　　　　　　　　　　　　　　　　　（4）
　式・考え方

答、{＿＿＿，＿＿＿，＿＿＿，＿＿＿，＿＿＿
　　　＿＿＿，＿＿＿，＿＿＿，＿＿＿，＿＿＿}

テスト１－３、次の□に合う数字を答えましょう。（各４）
　①、「１４の倍数＋８」と「１４の倍数－□」の数字の集まりは等しい。
　式・考え方

答、＿＿＿＿＿＿

　②、「２１の倍数－１６」と「２１の倍数＋□」の数字の集まりは等しい。
　式・考え方

答、＿＿＿＿＿＿

　③、「□の倍数－７」と「□の倍数＋９」の数字の集まりは等しい。
　式・考え方

答、＿＿＿＿＿＿

テスト１

テスト１－４、８で割ると３あまる１５０以下の整数のうち、もっとも大きいものを求めなさい。（8）

式・考え方

答、＿＿＿＿＿＿＿＿

テスト１－５、１１で割り切るには３足りない１５０以下の整数のうち、もっとも大きいものを求めなさい。（8）

式・考え方

答、＿＿＿＿＿＿＿＿

テスト１－６、７で割ると割り切れる、１以上１５０以下の整数は、全部でいくつありますか。（8）

式・考え方

答、＿＿＿＿＿＿＿　個

テスト１－７、６で割ると３あまる、１以上２００以下の整数は、全部でいくつありますか。（8）

式・考え方

答、＿＿＿＿＿＿＿　個

テスト1

テスト1-8、9で割り切るには3足りない、1以上150以下の整数は、全部でいくつありますか。（8）

式・考え方

答、＿＿＿＿＿＿個

テスト1-9、5で割り切るには3足りない、1以上172以下の整数は、全部でいくつありますか。（8）

式・考え方

答、＿＿＿＿＿＿個

テスト1-10、4で割ると3あまる、1以上254以下の整数は、全部でいくつありますか。（8）

式・考え方

答、＿＿＿＿＿＿個

テスト1

テスト1-11、4で割り切れる、251以上400以下の整数は、全部でいくつありますか。(8)

式・考え方

答、＿＿＿＿＿＿＿個

テスト1-12、6で割ると3あまる、1001以上2000以下の整数は、全部でいくつありますか。(8)

式・考え方

答、＿＿＿＿＿＿＿個

テスト1-13、7で割るには2足りない、501以上1000以下の整数は、全部でいくつありますか。(8)

式・考え方

答、＿＿＿＿＿＿＿個

約数の応用

例題１９、２４を割ると割り切れる整数を、すべて求めなさい。

　例題１３と同じような問題に見えますが、全く違う問題です。
　ポイントは「２４を割ると」の部分です。「２４を割ると」ですから、式にすると
　　　　２４÷□
にならなければなりません。これは２４の約数のことですね。（ここがわからない人
は「サイパー思考力算数練習帳シリーズ３６　数の性質２　約数・公約数」を参照し
てください。）

　「２４を割ると割り切れる整数」とは「２４の約数」のことですから、答は

$$\left\{ \begin{array}{cccc} 1 & 2 & 3 & 4 \\ 24 & 12 & 8 & 6 \end{array} \right\}$$

答、　　１、２、３、４、６、８、１２、２４

　「Aで割る」とは、ある数をAという数で割るということで、
　「Aを割る」とは、Aという数をある数で割るということです。

　　　Aで割る　→　□÷A
　　　Aを割る　→　A÷□

例題２０、２６を割ると２あまる整数を、すべて求めなさい。

　これも上記と同じく、ポイントは「２６を割ると」の部分です。「２６を割る」の
ですから
　　　　２６÷□＝△…２
という式になります。
　「２６を割ると２あまる」ということは、２６－２＝２４　あまりの２を除いた
「２４」を割り切れる数となります。

約数の応用

　２４を割り切れる数は２４の約数ですから、例題１９でやったように
　　　２４の約数：{1、2、3、4、6、8、12、24}
が求める数になります。

　さて、実際に「２６」を上記の数で割ってみましょう。あまりが２になるでしょうか。

　　　　２６÷２４＝１…２　○　　　　　２６÷１２＝２…２　○
　　　　２６÷８＝３…２　○　　　　　２６÷６＝４…２　○
　　　　２６÷４＝６…２　○　　　　　２６÷３＝８…２　○
　　　　２６÷２＝１３（あまりが出ない）　×
　　　　２６÷１＝２６（あまりが出ない）　×

　「２」や「１」で割ると割り切れて、あまりが２になりませんね。大事なことは、**割る数以上のあまりは出ない**ことです。

　したがって答は、２４の約数：{1、2、3、4、6、8、12、24}のうち、「あまりの２」より大きい{3、4、6、8、12、24}となります。

答、＿＿３、４、６、８、１２、２４＿＿

　例、１７÷□の場合
　　　　１７÷１＝１７（割り切れる）　　　１７÷２＝８…１（２＞１）
　　　　１７÷３＝５…２（３＞２）　　　　１７÷４＝４…１（４＞１）
　　　　１７÷５＝３…２（５＞２）　　　　１７÷６＝２…５（６＞５）
　　　　１７÷７＝２…３（７＞３）　　　　１７÷８＝２…１（８＞１）
　　　　１７÷９＝１…８（９＞８）　　　　１７÷Ａ＝Ｂ…Ｃ（Ａ＞Ｃ）

　　　注意：あまりは、割る数より必ず小さい数になる
　　　　　　＝割る数は、あまりより必ず大きい数であるはず

約数の応用

例題２１、２８を割ると４あまる整数を、すべて求めなさい。

　　２８－４＝２４　　２４の約数を求めます。

　　　　２４の約数：{１、２、３、４、６、８、１２、２４}

　　例題１７で学習したように、**割る数は、あまりより必ず大きい数**でなければなりません。ですから答は {１、２、３、４、６、８、１２、２４} のうち、４より大きい数であるはずです。したがって答は {６、８、１２、２４} にならなければなりません。
　　実際にためしてみましょう。

　　　　２８÷２４＝１…４　　○　　　　　２８÷１２＝２…４　　○
　　　　２８÷８＝３…４　　○　　　　　　２８÷６＝４…４　　○
　　　　２８÷４＝７（割り切れる）　×　　２８÷３＝９…１　×
　　　　２８÷２＝１４（割り切れる）　×　　２８÷１＝２８（割り切れる）　×

　　２４の約数：{１、２、３、４、６、８、１２、２４} のうち「あまりの４」より大きい{６、８、１２、２４} が答となります。

　　　　　　　　　　　　　　　　　　　答、＿＿＿６、８、１２、２４＿＿

例題２２、３６を割ると６あまる整数のうち、最も小さいものを求めなさい。

　　３６－６＝３０　　３０の約数を求めます。

$$\left\{ \begin{array}{cccc} 1 & 2 & 3 & 5 \\ 30 & 15 & 10 & 6 \end{array} \right\}$$

このうち６よりも大きい数は {１０、１５、３０}。この中で最も小さい数は「１０」です。

　　　　　　　　　　　　　　　　　　　　答、＿＿＿１０＿＿

約数の応用

問題２９、１０８を割ると割り切れる整数を、すべて求めなさい。

式・考え方

答、_____

問題３０、１７を割ると１あまる整数を、すべて求めなさい。

式・考え方

答、_____

問題３１、２７を割ると２あまる整数を、すべて求めなさい。

式・考え方

答、_____

問題３２、６４を割ると４あまる整数を、すべて求めなさい。

式・考え方

答、_____

約数の応用

問題３３、 ７７を割ると５あまる整数を、すべて求めなさい。

式・考え方

答、＿＿＿＿＿＿＿＿＿＿＿＿＿＿＿＿＿＿＿＿

問題３４、 ８８を割ると７あまる整数を、すべて求めなさい。

式・考え方

答、＿＿＿＿＿＿＿＿＿＿＿＿＿＿＿＿＿＿＿＿

問題３５、 １４０を割ると１４あまる整数のうち、最も小さいものを求めなさい。

式・考え方

答、＿＿＿＿＿＿＿

問題３６、 １００を割ると１６あまる整数のうち、最も小さいものを求めなさい。

式・考え方

答、＿＿＿＿＿＿＿

約数の応用

ちょっときゅうけい
Teepause 2

素数かそうでないか

「1」と「自分自身の数」の2つだけ約数がある数を「素数」と言います。

$$3 \left\{ \begin{array}{c} 1 \\ 3 \end{array} \right\}$$

「3」は「1」と「3」の2つだけ約数があるので「素数」です。（1は素数ではありません）

　一見すると素数のように見えて素数でない数があります。それらの数は約数を見つけにくいので、覚えておくと良いでしょう。入試などでよく使われる数です。

$$51 = 3 \times 17 \quad \left\{ \begin{array}{cc} 1 & 3 \\ 51 & 17 \end{array} \right\} \quad （5＋1＝6 \quad 6は3の倍数 \quad P15参照）$$

$$57 = 3 \times 19 \quad \left\{ \begin{array}{cc} 1 & 3 \\ 57 & 19 \end{array} \right\} \quad （5＋7＝12 \quad 12は3の倍数）$$

$$91 = 7 \times 13 \quad \left\{ \begin{array}{cc} 1 & 7 \\ 91 & 13 \end{array} \right\}$$

$$119 = 7 \times 17 \quad \left\{ \begin{array}{cc} 1 & 7 \\ 119 & 17 \end{array} \right\}$$

$$133 = 7 \times 19 \quad \left\{ \begin{array}{cc} 1 & 7 \\ 133 & 19 \end{array} \right\}$$

$$221 = 13 \times 17 \quad \left\{ \begin{array}{cc} 1 & 13 \\ 221 & 17 \end{array} \right\}$$

$$247 = 13 \times 19 \quad \left\{ \begin{array}{cc} 1 & 13 \\ 247 & 19 \end{array} \right\}$$

など

テスト2

点

テスト2−1、210を割ると割り切れる整数を、すべて
　求めなさい。(10)

　　式・考え方

　　　　　答、_____

テスト2−2、120を割ると割り切れる整数はいくつありますか。(10)

　　式・考え方

　　　　　　　　　　　　　　答、_____個____

テスト2−3、176の約数をすべて求めなさい。(10)

　　式・考え方

　　　　　答、_____

テスト2−4、450の約数を、大きいものから3つ求めなさい。(10)

　　式・考え方

　　　　　答、_____

テスト２

テスト２－５、３５を割ると３あまる整数を、すべて求めなさい。(10)

式・考え方

答、＿＿＿＿＿＿＿＿＿＿＿＿＿＿＿＿＿＿＿＿＿＿＿

テスト２－６、１１４を割ると９あまる整数を、すべて求めなさい。(10)

式・考え方

答、＿＿＿＿＿＿＿＿＿＿＿＿＿＿＿＿＿＿＿＿＿＿＿

テスト２－７、１１４４を割ると１４３あまる整数のうち、最も小さいものを求めなさい。(10)

式・考え方

答、＿＿＿＿＿＿＿

テスト2

テスト2−8、460を割ると18あまる整数のうち、最も小さいものを求めなさい。

式・考え方 (10)

答、＿＿＿＿＿＿＿

テスト2−9、670を割ると22あまる整数のうち、最も小さいものを求めなさい。

式・考え方 (10)

答、＿＿＿＿＿＿＿

テスト2−10、3200を割ると50あまる整数のうち、最も小さいものを求めなさい。(10)

式・考え方

答、＿＿＿＿＿＿＿

総合テスト

総合1、２５２を割ると割り切れる整数を、すべて求めなさい。

式・考え方　　　　　　　　　　　　　(4)

点

答、＿＿＿＿＿＿＿＿＿＿＿＿＿＿＿＿＿＿＿＿

総合2、１１の倍数に６を足した数を、小さいものから順に５個書き出しなさい。(4)

式・考え方

答、｛＿＿＿＿，＿＿＿＿，＿＿＿＿，＿＿＿＿，＿＿＿＿｝

総合3、１３の倍数より４を引いた数を、小さいものから１０個書き出しなさい。(4)

式・考え方

答、｛＿＿＿＿，＿＿＿＿，＿＿＿＿，＿＿＿＿，＿＿＿＿，
　　＿＿＿＿，＿＿＿＿，＿＿＿＿，＿＿＿＿，＿＿＿＿｝

総合4、２００を割ると割り切れる整数はいくつありますか。(4)

式・考え方

答、＿＿＿＿＿＿個

総合テスト

総合５、次の□に合う数字を答えましょう。

　①、「１３の倍数＋５」と「１３の倍数－□」の数字の集まりは等しい。(2)

　　式・考え方

　　　　　　　　　　　　　　　　　　　　　　　　答、＿＿＿＿＿＿

　②、「１９の倍数－１２」と「１９の倍数＋□」の数字の集まりは等しい。(2)

　　式・考え方

　　　　　　　　　　　　　　　　　　　　　　　　答、＿＿＿＿＿＿

　③、「□の倍数－１６」と「□の倍数＋７」の数字の集まりは等しい。(2)

　　式・考え方

　　　　　　　　　　　　　　　　　　　　　　　　答、＿＿＿＿＿＿

総合６、７で割ると２あまる５００以下の整数のうち、もっとも大きいものを求めな
　　さい。(4)

　　式・考え方

　　　　　　　　　　　　　　　　　　　　　　　答、＿＿＿＿＿＿

総合７、５０を割ると２あまる整数を、すべて求めなさい。(4)

　　式・考え方

　　　　　答、＿＿＿＿＿＿＿＿＿＿＿＿＿＿＿＿

総合テスト

総合8、ある冊数のノートを、６４人で等しく分けたら４４冊あまりました。ノートの冊数は３００冊以下だということがわかっています。

　①、ノートの数が最も少ない場合は、何冊ですか。（2）

　式・考え方

　　　　　　　　　　　　　　　　　　　　　　　答、＿＿＿＿＿＿＿冊

　②、ノートの数が最も多い場合は、何冊ですか。（3）

　式・考え方

　　　　　　　　　　　　　　　　　　　　　　　答、＿＿＿＿＿＿＿冊

総合９、９で割り切るには２足りない４００以下の整数のうち、もっとも大きいものを求めなさい。(4)

　式・考え方

　　　　　　　　　　　　　　　　　　　　　　　答、＿＿＿＿＿＿＿

総合１０、６で割ると割り切れる、１以上７００以下の整数は、全部でいくつありますか。(4)

　式・考え方

　　　　　　　　　　　　　　　　　　　　　　　答、＿＿＿＿＿＿＿個

総合テスト

総合１１、９０を割ると２あまる整数を、すべて求めなさい。(4)

式・考え方

答、_____

総合１２、６で割ると１あまる、１以上３００以下の整数は、全部でいくつありますか。(4)

式・考え方

答、_____個

総合１３、１１で割り切るには４足りない、１以上１５０以下の整数は、全部でいくつありますか。(4)

式・考え方

答、_____個

総合１４、７００を割ると７０あまる整数のうち、最も小さいものを求めなさい。(5)

式・考え方

答、_____

総合テスト

総合１５、５で割り切るには４足りない、１以上１３３以下の整数は、全部でいくつ
　　ありますか。(5)

　　式・考え方

答、＿＿＿＿＿＿＿＿　　個＿

総合１６、６で割ると３あまる、１以上２１１以下の整数は、全部でいくつあります
　　か。(5)

　　式・考え方

答、＿＿＿＿＿＿＿＿　　個＿

総合１７、１８０を割ると３０あまる整数のうち、最も小さいものを求めなさい。(5)

　　式・考え方

答、＿＿＿＿＿＿＿＿＿

総合１８、７で割り切れる、３０１以上４００以下の整数は、全部でいくつあります
　　か。(5)

　　式・考え方

答、＿＿＿＿＿＿＿＿　　個＿

総合テスト

総合１９、４２０を割ると３５あまる整数のうち、最も小さいものを求めなさい。(5)

式・考え方

答、＿＿＿＿＿＿

総合２０、４で割ると３あまる、７５１以上１７５０以下の整数は、全部でいくつありますか。(5)

式・考え方

答、＿＿＿＿＿＿個

総合２１、５４０を割ると３０あまる整数のうち、最も小さいものを求めなさい。(5)

式・考え方

答、＿＿＿＿＿＿

総合２２、９で割り切るには６足りない、５０１以上１０００以下の整数は、全部でいくつありますか。(5)

式・考え方

答、＿＿＿＿＿＿個

解 答　解き方は一例です

P 5
問題1　2、6、10、14、18
問題2　5、14、23、32、41
問題3　8、19、30、41、52
問題4　2、8、14、20、26
問題5　5、42、79、116、153
問題6　6、19、32、45、58

P 7
問題7　1、4、7、10、13、16、19、22、25、28
問題8　6、20、34、48、62、76、90、104、118、132

P 9
問題9 （解答は1例ですが、基本的に下の解答になるようにご指導ください）

①　$16-9=7$　　　　　　　　7
②　$23-18=5$　　　　　　　 5

P 10
③　$12+9=21$　　　　　　　 21
④　$1+1=2$　　　　　　　　 2

P 11
問題10　$1000÷7=142…6$　　$7×142=994$　　　　　　　994

問題11　$2000÷11=181…9$　　$11×181=1991$　　　　　1991

P 13
問題12　$100÷7=14…2$　　　$7×14+1=99$　　　　　　99

問題13　$100÷6=16…4$　　　$6×16+2=98$　　　　　　98
問題14　$200÷9=22…2$　　　「9で割ると3あまる」＝「9で割るには6足りない」
　　　　$9×22=198$　　　　　　$198-6=192$　　　　　　192

P 14
問題15　$200÷8=25$　　　　　「8で割ると1あまる」＝「8で割るには7足りない」
　　　　$8×25=200$　　　　　　$200-7=193$　　　　　　193
問題16　$300÷11=27…3$　　　「11で割ると7あまる」＝「11で割るには4足りない」
　　　　$11×27=297$　　　　　　$297-4=293$　　　　　　293

問題17　①　1人1本ずつの場合が、一番少ない。　　1本×13人+6本＝19本　　　19本
　　　　②　1000本÷13人＝76本…12本　　76本×13人+6本＝994本
　　　　　　　　　　　　　　　　　　　　　　　　　　　　　　994本

P 18
問題18　0、7、14
問題19　$100÷6=16…4$　　16個

解答

P19

問題20　１００÷５＝２０　　　　20個

問題21　１００÷４＝２５　　　　25個

問題22　１００÷６＝１６…４　　１６＋１＝１７　　　　17個

問題23　「３で割るには１足りない」＝「３で割ると２あまる」
　　　　　２００÷３＝６６…２　　６６＋１＝６７　　　　67個

P20

問題24　「７で割るには３足りない」＝「７で割ると４あまる」
　　　　　２００÷７＝２８…４　　２８＋１＝２９　　　　29個

問題25　「４で割るには１足りない」＝「４で割ると３あまる」
　　　　　１５０÷４＝３７…２　　　　37個

P22

問題26　２００÷４＝５０　　１５０÷４＝３７…２　　５０－３７＝１３　　　　13個

問題27　２００÷７＝２８…４　　２８＋１＝２９　　１００÷７＝１４…２
　　　　　２９－１４＝１５　　　　15個

問題28　「８で割るには１足りない」＝「８で割ると７あまる」
　　　　　４００÷８＝５０　　３００÷８＝３７…４　　５０－３７＝１３　　　　13個

P23

テスト１－１　　４、１３、２２、３１、４０

テスト１－２　　９、２５、４１、５７、７３、８９、105、121、137、153

テスト１－３　①　１４－８＝６　　　　6
　　　　　　　②　２１－１６＝５　　　　5
　　　　　　　③　７＋９＝１６　　　　16

P24

テスト１－４　　１５０÷８＝１８…６　　８×１８＋３＝１４７　　　　147

テスト１－５　　１１で割るには３足りない＝１１で割ると８あまる
　　　　　　　　　１５０÷１１＝１３…７　　１１×１３－３＝１４０　　　　140

テスト１－６　　１５０÷７＝２１…３　　　　21個

テスト１－７　　２００÷６＝３３…２　　　　33個

P25

テスト１－８　　９で割るには３足りない＝９で割ると６あまる
　　　　　　　　　１５０÷９＝１６…６　　１６＋１＝１７　　　　17個

テスト１－９　　５で割るには３足りない＝５で割ると２あまる
　　　　　　　　　１７２÷５＝３４…２　　３４＋１＝３５　　　　35個

テスト１－１０　２５４÷４＝６３…２　　　　63個

解答

テスト１－１１　４００÷４＝１００　　２５０÷４＝６２…２

　　　　　　　　１００－６２＝３８　　　　　　　　　　　　　　　　　　　＿＿３８個＿＿

テスト１－１２　２０００÷６＝３３３…２　　１０００÷６＝１６６…４　　１６６＋１＝１６７

　　　　　　　　３３３－１６７＝１６６　　　　　　　　　　　　　　　　　　＿＿１６６個＿＿

テスト１－１３　７で割るには２足りない＝７で割ると５あまる

　　　　　　　　１０００÷７＝１４２…６　　１４２＋１＝１４３

　　　　　　　　５００÷７＝７１…３　　１４３－７１＝７２　　　　　　　　＿＿７２個＿＿

Ｐ３０

問題２９　　$108 \begin{Bmatrix} 1 & 2 & 3 & 4 & 6 & 9 \\ 108 & 54 & 36 & 27 & 18 & 12 \end{Bmatrix}$

　　　　　　　　　　　　　　　　＿１、２、３、４、６、９、12、18、27、36、54、108＿

問題３０　　１７－１＝１６　　　$16 \begin{Bmatrix} 1 & 2 & 4 \\ 16 & 8 & 4 \end{Bmatrix}$

　　「１あまる」のは、割る数が１より大きい数でなければならない　　　＿２、４、８、１６＿

問題３１　　２７－２＝２５　　　$25 \begin{Bmatrix} 1 & 5 \\ 25 & 5 \end{Bmatrix}$

　　　　　　　　　　　　　　　　　　　　　　　　　　　　　　　　　　＿５、２５＿

問題３２　　６４－４＝６０　　　$60 \begin{Bmatrix} 1 & 2 & 3 & 4 & 5 & 6 \\ 60 & 30 & 20 & 15 & 12 & 10 \end{Bmatrix}$

　　　　　　　　　　　　　　　　＿５、６、１０、１２、１５、２０、３０、６０＿

Ｐ３１

問題３３　　７７－５＝７２　　　$72 \begin{Bmatrix} 1 & 2 & 3 & 4 & 6 & 8 \\ 72 & 36 & 24 & 18 & 12 & 9 \end{Bmatrix}$

　　　　　　　　　　　　　　　　＿６、８、９、１２、１８、２４、３６、７２＿

問題３４　　８８－７＝８１　　　$81 \begin{Bmatrix} 1 & 3 & 9 \\ 81 & 27 & 9 \end{Bmatrix}$　　　　　　　＿９、２７、８１＿

問題３５　　１４０－１４＝１２６　　　$126 \begin{Bmatrix} 1 & 2 & 3 & 6 & 7 & 9 \\ 126 & 63 & 42 & 21 & 18 & 14 \end{Bmatrix}$　＿１８＿

問題３６　　１００－１６＝８４　　　$84 \begin{Bmatrix} 1 & 2 & 3 & 4 & 6 & 7 \\ 84 & 42 & 28 & 21 & 14 & 12 \end{Bmatrix}$　＿２１＿

Ｐ３３

テスト２－１　　$210 \begin{Bmatrix} 1 & 2 & 3 & 5 & 6 & 7 & 10 & 14 \\ 210 & 105 & 70 & 42 & 35 & 30 & 21 & 15 \end{Bmatrix}$

　　　　　　　＿１、２、３、５、６、７、10、14、15、21、30、35、42、70、105、210＿

解答

テスト２－２

$120\begin{cases} 1 & 2 & 3 & 4 & 5 & 6 & 8 & 10 \\ 120 & 60 & 40 & 30 & 24 & 20 & 15 & 12 \end{cases}$ _____１６個

テスト２－３

$176\begin{cases} 1 & 2 & 4 & 8 & 11 \\ 176 & 88 & 44 & 22 & 16 \end{cases}$

_____１、２、４、８、11、16、22、44、88、176

テスト２－４

$450\begin{cases} 1 & 2 & 3\cdots \\ 450 & 225 & 150\cdots \end{cases}$

_____４５０、２２５、１５０

テスト２－５　　$35-3=32$

$32\begin{cases} 1 & 2 & 4 \\ 32 & 16 & 8 \end{cases}$　　_____４、８、１６、３２

テスト２－６　　$114-9=105$

$105\begin{cases} 1 & 3 & 5 & 7 \\ 105 & 35 & 21 & 15 \end{cases}$

_____１５、２１、３５、１０５

テスト２－７　　$1144-143=1001$

$1001\begin{cases} 1 & 7 & 11 & 13 \\ 1001 & 143 & 91 & 77 \end{cases}$

_____１００１

テスト２－８　　$460-18=442$　　$442\begin{cases} 1 & 2 & 13 & 17 \\ 442 & 221 & 34 & 26 \end{cases}$　_____２６

テスト２－９　　$670-22=648$

$648\begin{cases} 1 & 2 & 3 & 4 & 6 & 8 & 9 & 12 & 18 & 24 \\ 648 & 324 & 216 & 162 & 108 & 81 & 72 & 54 & 36 & 27 \end{cases}$

_____２４

テスト２－10　$3200-50=3150$

$3150\begin{cases} 1 & 2 & 3 & 5 & 6 & 7 \\ 3150 & 1575 & 1050 & 630 & 525 & 450 \end{cases}$

$\begin{array}{ccccccc} 9 & 10 & 14 & 15 & 18 & 21 & 25 \\ 350 & 315 & 225 & 210 & 175 & 150 & 126 \end{array}$

$\begin{cases} 30 & 35 & 42 & 45 & 50 \\ 105 & 90 & 75 & 70 & 63 \end{cases}$　_____６３

総合１

$252\begin{cases} 1 & 2 & 3 & 4 & 6 & 7 & 9 & 12 & 14 \\ 252 & 126 & 84 & 63 & 42 & 36 & 28 & 21 & 18 \end{cases}$

_____１、２、３、４、６、７、９、12、14、18、21、28、36、42、63、84、126、252

解答

総合2　　　　6、17、28、39、50

総合3　　　　9、22、35、48、61、74、87、100、113、126

総合4

$$200 \begin{cases} 1 & 2 & 4 & 5 & 8 & 10 \\ 200 & 100 & 50 & 40 & 25 & 20 \end{cases}$$

　　　　　　　　　　　　　　　　　　　　　　　　　　12

P37

総合5　　①　13－5＝8　　　　　　8
（解答例）　②　19－12＝7　　　　　7
　　　　　③　16＋7＝23　　　　　23

総合6　　500÷7＝71…3　　7×71＋2＝499　　**499**

総合7　　50－2＝48

$$48 \begin{cases} 1 & 2 & 3 & 4 & 6 \\ 48 & 24 & 16 & 12 & 8 \end{cases}$$

　　　　　　　　　　3、4、6、8、12、16、24、48

P38

総合8　　①　一人1冊の場合が一番少ない。1冊×64人＋44冊＝108冊　　108冊

　　　　②　300冊÷64人＝4冊…44冊　　4冊×64人＋44冊＝300

　　　　　　　　　　　　　　　　　　　　　　　　　　300冊

総合9　　9で割るには2足りない＝9で割ると7あまる
　　　　400÷9＝44…4　　9×44－2＝394　　　　　394

総合10　　700÷6＝116…4　　　　　　　　　　　116個

P39

総合11　　90－2＝88

$$88 \begin{cases} 1 & 2 & 4 & 8 \\ 88 & 44 & 22 & 11 \end{cases}$$

　　　　　　　　　　　　4、8、11、22、44、88

総合12　　300÷6＝50　　　　　　　　　　　　　50個

総合13　　11で割るには4足りない＝11で割ると7あまる
　　　　　150÷11＝13…7　　13＋1＝14　　　　14個

総合14　　700－70＝630

$$630 \begin{cases} 1 & 2 & 3 & 5 & 6 & 7 & 9\cdots \\ 630 & 315 & 210 & 126 & 105 & 90 & 70\cdots \end{cases}$$

　　　　　　　　　　　　　　　　　　　　　　90

P40

総合15　　5で割るには4足りない＝5で割ると1あまる
　　　　　133÷5＝26…3　　26＋1＝27　　　　27個

総合16　　211÷6＝35…1　　　　　　　　　　35個

解答

総合17 $180-30=150$

$$150\begin{cases} 1 & 2 & 3 & 5\cdots \\ 150 & 75 & 50 & 30\cdots \end{cases}$$

<u>50</u>

総合18 $400\div7=57\cdots1$　57個　　$300\div7=42\cdots6$　42個

$57-42=15$

<u>15個</u>

総合19 $420-35=385$

$$385\begin{cases} 1 & 5 & 7 & 11 \\ 385 & 77 & 55 & 35 \end{cases}$$

<u>55</u>

総合20 $1750\div4=437\cdots2$　437個　　$750\div4=187\cdots2$　187個

$437-187=250$

<u>250個</u>

総合21 $540-30=510$

$$510\begin{cases} 1 & 2 & 3 & 5 & 6 & 10 & 15 & 17 \\ 510 & 255 & 170 & 102 & 85 & 51 & 34 & 30 \end{cases}$$

<u>34</u>

総合22 9で割るには6足りない＝9で割ると3あまる

$1000\div9=111\cdots1$　111個　　$500\div9=55\cdots5$　$55+1=56$個

$111-56=55$

<u>55個</u>

M.acceess 学びの理念

☆**学びたいという気持ちが大切です**
　勉強を強制されていると感じているのではなく、心から学びたいと思っていることが、
　子どもを伸ばします。

☆**意味を理解し納得する事が学びです**
　たとえば、公式を丸暗記して当てはめて解くのは正しい姿勢ではありません。意味を理
　解し納得するまで考えることが本当の学習です。

☆**学びには生きた経験が必要です**
　家の手伝い、スポーツ、友人関係、近所付き合いや学校生活もしっかりできて、「学び」の
　姿勢は育ちます。
　生きた経験を伴いながら、学びたいという心を持ち、意味を理解、納得する学習をすれ
　ば、負担を感じるほどの多くの問題をこなさずとも、子どもたちはそれぞれの目標を達成
　することができます。

発刊のことば

　「生きてゆく」ということは、道のない道を歩いて行くようなものです。「答」のない問題を解
くようなものです。今まで人はみんなそれぞれ道のない道を歩き、「答」のない問題を解いてきま
した。
　子どもたちの未来にも、定まった「答」はありません。もちろん「解き方」や「公式」もありません。
　私たちの後を継いで世界の明日を支えてゆく彼らにもっとも必要な、そして今、社会でもっと
も求められている力は、この「解き方」も「公式」も「答」すらもない問題を解いてゆく力ではない
でしょうか。
　人間のはるかに及ばない、素晴らしい速さで計算を行うコンピューターでさえ、「解き方」のな
い問題を解く力はありません。特にこれからの人間に求められているのは、「解き方」も「公式」
も「答」もない問題を解いてゆく力であると、私たちは確信しています。
　M.access の教材が、これからの社会を支え、新しい世界を創造してゆく子どもたちの成長
に、少しでも役立つことを願ってやみません。

思考力算数練習帳シリーズ５０
数の性質３　倍数・約数の応用１ 新装版　整数範囲　　（内容は旧版と同じものです）

新装版　第１刷
　　　　　編集者　M.access（エム・アクセス）
　　　　　発行所　株式会社　認知工学
　　　　　〒６０４－８１５５　京都市中京区錦小路烏丸西入ル占出山町 308
　　　　　電話（０７５）２５６－７７２３　　email : ninchi@sch.jp
　　　　　郵便振替　０１０８０－９－１９３６２　株式会社認知工学

ISBN978-4-86712-150-4　C-6341　　　　A50010124F　M

定価＝ 本体６００円 ＋税